2021中国的航天

（2022 年 1 月）

中华人民共和国
国务院新闻办公室

人 民 出 版 社

目　录

前　言

习近平总书记指出，"探索浩瀚宇宙，发展航天事业，建设航天强国，是我们不懈追求的航天梦。"中国始终把发展航天事业作为国家整体发展战略的重要组成部分，始终坚持为和平目的探索和利用外层空间。

2016 年以来，中国航天进入创新发展"快车道"，空间基础设施建设稳步推进，北斗全球卫星导航系统建成开通，高分辨率对地观测系统基本建成，卫星通信广播服务能力稳步增强，探月工程"三步走"圆满收官，中国空间站建设全面开启，"天问一号"实现从地月系到行星际探测的跨越，取得了举世瞩目的辉煌成就。

未来五年，中国航天将立足新发展阶段，贯彻新发展理念，构建新发展格局，按照高质量发展要求，推动空间科学、空间技术、空间应用全面发展，开启全面建设航天强国新征程，为服务国家发展大局、在外空领域推动构建人类命运共同体、促进人类文明进步作出更大贡献。

为介绍 2016 年以来中国航天活动主要进展、未来五年主要任务,进一步增进国际社会对中国航天事业的了解,特发布本白皮书。

一、开启全面建设航天强国新征程

（一）发展宗旨

探索外层空间,扩展对地球和宇宙的认识;和平利用外层空间,维护外层空间安全,在外空领域推动构建人类命运共同体,造福全人类;满足经济建设、科技发展、国家安全和社会进步等方面的需求,提高全民科学文化素质,维护国家权益,增强综合国力。

（二）发展愿景

全面建成航天强国,持续提升科学认知太空能力、自由进出太空能力、高效利用太空能力、有效治理太空能力,成为国家安全的维护者、科技自立自强的引领者、经济社会高质量发展的推动者、外空科学治理的倡导者和人类文明发展的开拓者,为建设社会主义现代化强国、推动人类和平与发展的崇高事业作出积极贡献。

（三）发展原则

中国发展航天事业服从和服务于国家整体发展战略，坚持创新引领、协同高效、和平发展、合作共享的原则，推动航天高质量发展。

——创新引领。坚持创新在航天事业发展中的核心地位，建强航天领域国家战略科技力量，实施航天重大科技工程，强化原创引领的科技创新，持续优化创新生态，加快产品化进程，不断提升航天自主发展能力和安全发展能力。

——协同高效。坚持系统观念，更好发挥新型举国体制优势，引导各方力量有序参与航天发展，科学统筹部署航天活动，强化空间技术对空间科学、空间应用的推动牵引作用，培育壮大新模式新业态，提升航天发展的质量效益和整体效能。

——和平发展。始终坚持和平利用外层空间，反对外空武器化、战场化和外空军备竞赛，合理开发和利用空间资源，切实保护空间环境，维护一个和平、清洁的外层空间，使航天活动造福全人类。

——合作共享。坚持独立自主与开放合作相结合，深化高水平国际交流与合作，拓展航天技术和产品全球公共服务,积极参与解决人类面临的重大挑战,助力联合国2030年可持续发展议程目标实现,在外空领域推动构建人类命运共同体。

二、发展空间技术与系统

中国航天面向世界科技前沿和国家重大战略需求,以航天重大工程为牵引,加快关键核心技术攻关和应用,大力发展空间技术与系统,全面提升进出、探索、利用和治理空间能力,推动航天可持续发展。

(一) 航天运输系统

2016 年以来,截至 2021 年 12 月,共完成 207 次发射任务,其中长征系列运载火箭发射共完成 183 次,总发射次数突破 400 次。长征系列运载火箭加速向无毒、无污染、模块化、智慧化方向升级换代,"长征五号""长征五号乙"运载火箭实现应用发射,"长征八号""长征七号甲"实现首飞,运载能力持续增强。运载火箭多样化发射服务能力迈上新台阶,"长征十一号"实现海上商业化应用发射,"捷龙一号""快舟一号甲""双曲线一号""谷神星一号"等商业运载火箭成功发射。可重复使用运载器飞行演示验证试验取得成功。

未来五年，中国将持续提升航天运输系统综合性能，加速实现运载火箭升级换代。推动运载火箭型谱发展，研制发射新一代载人运载火箭和大推力固体运载火箭，加快推动重型运载火箭工程研制。持续开展重复使用航天运输系统关键技术攻关和演示验证。面向航班化发射需求，发展新型火箭发动机、组合动力、上面级等技术，拓展多样化便利进出空间能力。

（二）空间基础设施

卫星遥感系统。高分辨率对地观测系统天基部分基本建成，对地观测迈进高空间分辨率、高时间分辨率、高光谱分辨率时代。陆地观测业务服务综合能力大幅提升，成功发射"资源三号"03 星、"环境减灾二号"A/B 星、高分多模综合成像卫星、高光谱观测卫星以及多颗商业遥感卫星等。海洋观测实现全球海域多要素、多尺度、高分辨率连续覆盖，成功发射"海洋一号"C/D 星、"海洋二号"B/C/D 星。大气全球化、精细化综合观测能力实现跃升，成功发射新一代静止轨道气象卫星"风云四号"A/B 星，实现全天候、精细化、连续大气立体综合探测和快速响应灾害监测，成功发射"风云三号"D/E星,形成上午、下午、晨昏星业务组网观测能力,成功发射"风云二号"H星,为"一带一路"沿线国家和地区提供卫星监测服务。遥感卫星地面系统进一步完善,基本具备卫星遥感数据全球接收、快速处理与业务化服务能力。

卫星通信广播系统。固定通信广播卫星系统建设稳步推进,覆盖区域、通信容量等性能进一步提升,成功发射"中星"6C、"中星"9B等卫星,支持广播电视业务连续稳定运行;成功发射"中星"16、"亚太"6D卫星,单星通信容量达到50Gbps,中国卫星通信进入"高通量"时代。移动通信广播卫星系统逐步完善,成功发射"天通一号"02/03星,与"天通一号"01星组网运行,具备为中国及周边、亚太部分地区手持终端用户提供语音、短消息和数据等移动通信服务能力。中继卫星系统建设迈入升级换代新阶段,成功发射"天链一号"05星和"天链二号"01星,综合性能大幅提升。卫星通信广播地面系统持续完善,形成全球覆盖天地融合的卫星通信广播、互联网、物联网及信息服务能力。

卫星导航系统。北斗三号全球卫星导航系统全面建成开通,完成30颗卫星发射组网,北斗系统"三步走"战略圆满完成,正式进入服务全球新时代。北斗系统具备定位导航授时、全球短报文通信、区域短报文通信、国际搜救、星基增强、地基增强、精密单点定位共七类服务能力，服务性能达到世界先进水平。

未来五年，中国将持续完善国家空间基础设施，推动遥感、通信、导航卫星融合技术发展，加快提升泛在通联、精准时空、全维感知的空间信息服务能力。研制静止轨道微波探测、新一代海洋水色、陆地生态系统碳监测、大气环境监测等卫星，发展双天线 X 波段干涉合成孔径雷达、陆地水资源等卫星技术，形成综合高效的全球对地观测和数据获取能力。推动构建高低轨协同的卫星通信系统，开展新型通信卫星技术验证与商业应用，建设第二代数据中继卫星系统。开展下一代北斗卫星导航系统导航通信融合、低轨增强等深化研究和技术攻关，推动构建更加泛在、更加融合、更加智能的国家综合定位导航授时（PNT）体系。持续完善卫星遥感、通信、导航地面系统。

（三）载人航天

"天舟一号"货运飞船成功发射并与"天宫二号"空间实验室成功交会对接，突破并掌握货物运输、推进剂在轨补加等关键技术，载人航天工程第二步圆满收官。"天和"核心舱成功发射,标志着中国空间站建造进入全面实施阶段。"天舟二号""天舟三号"货运飞船和"神舟十二号""神舟十三号"载人飞船成功发射,先后与"天和"核心舱快速对接,形成空间站组合体并稳定运行,6名航天员先后进驻中国空间站,实施出舱活动、舱外操作、在轨维护、科学实验等任务。

未来五年,中国将继续实施载人航天工程,发射"问天"实验舱、"梦天"实验舱、"巡天"空间望远镜以及"神舟"载人飞船和"天舟"货运飞船,全面建成并运营中国空间站,打造国家太空实验室,开展航天员长期驻留、大规模空间科学实验、空间站平台维护等工作。深化载人登月方案论证,组织开展关键技术攻关,研制新一代载人飞船,夯实载人探索开发地月空间基础。

(四) 深空探测

月球探测工程。"嫦娥四号"探测器通过"鹊桥"卫星中继通信,首次实现航天器在月球背面软着陆和巡视勘察。"嫦娥五号"探测器实现中国首次地外天体采样返回,将1731克月球样品成功带回地球,标志着探月工程"绕、落、回"三步走圆满收官。

行星探测工程。"天问一号"火星探测器成功发射,实现火星环绕、着陆,"祝融号"火星车开展巡视探测,在火星上首次留下中国人的印迹,中国航天实现从地月系到行星际探测的跨越。

未来五年,中国将继续实施月球探测工程,发射"嫦娥六号"探测器、完成月球极区采样返回,发射"嫦娥七号"探测器、完成月球极区高精度着陆和阴影坑飞跃探测,完成"嫦娥八号"任务关键技术攻关,与相关国家、国际组织和国际合作伙伴共同开展国际月球科研站建设。继续实施行星探测工程,发射小行星探测器、完成近地小行星采样和主带彗星探测,完成火星采样返回、木星系探测等关键技术攻关。论证太阳系边际探测等实施方案。

（五）发射场与测控

航天发射场。酒泉、太原、西昌发射场适应性改造全面完成,酒泉发射场新增液体火箭商业发射工位,文昌航天发射场进入业务化应用阶段,基本建成沿海内陆相结合、高低纬度相结合、各种射向范围相结合的航天发射格局,能够满足载人飞船、空间站舱段、深空探测器及各类卫星的多样化发射需求。海上发射平台投入使用,填补了中国海上发射火箭的空白。

航天测控。测控通信能力实现由地月空间向行星际空间跨越,天基测控能力持续增强,国家航天测控网布局进一步优化,形成安全可靠、响应迅速、接入灵活、运行高效、服务广泛的天地一体化航天测控体系,圆满完成"神舟""天舟"系列飞船、"天和"核心舱、"嫦娥"系列月球探测器、"天问一号"火星探测器等为代表的航天测控任务。商业卫星测控站网加快发展。

未来五年,中国将在强化航天产品统一技术体制的基础上,进一步完善现有航天发射场系统,统筹开展发射场通用化、集约化、智能化建设,增强发射场系统任务适应性和可靠性,提升高密度、多样化发射任务支撑能力。建设商业发射工位和商业航天发射场,满足各类商业发射需求。持续完善现有航天测控系统,优化组织模式,创新测控技术和手段,强化天地基测控资源融合运用能力,推动构建全域覆盖、泛在互联的航天测控体系,统筹实施国家太空系统运行管理,提高管理和使用效益。建强深空测控通信网,保障月球、火星等深空探测任务实施。

(六)新技术试验

成功发射多颗新技术试验卫星,开展新一代通信卫星公用平台、甚高通量通信载荷、Ka 频段宽带通信、星地高速激光通信、新型电推进等技术试验验证。

未来五年，中国将面向新技术工程化应用，开展航天器智能自主管理、空间扩展飞行器、新型空间动力、航天器在轨服务与维护、空间碎片清除等新技术验证，以及航天领域新材料、新器件、新工艺在轨试验验证，提升技术成熟度和工程应用能力。

（七）空间环境治理

空间碎片监测网络初具规模，基础数据库不断完善，碰撞预警和空间事件感知应对能力逐步提升，有力保障在轨航天器运行安全。落实国际空间碎片减缓准则、外空活动长期可持续准则，全面实施运载火箭末级钝化，成功实施"天宫二号"等航天器任务末期主动离轨，为空间碎片减缓作出积极贡献。近地小天体搜索跟踪和数据分析研究取得积极进展。初步建成空间天气保障业务体系，具备监测、预警和预报能力，应用服务效益不断拓展。

未来五年，中国将统筹推进空间环境治理体系建设。加强太空交通管理，建设完善空间碎片监测设施体系、编目数据库和预警服务系统，统筹做好航天器在轨维护、碰撞规避控制、空间碎片减缓等工作,确保太空系统安全稳定有序运行。全面加强防护力量建设,提高容灾备份、抗毁生存、信息防护能力,维护国家太空活动、资产和其他利益的安全。论证建设近地小天体防御系统,提升监测、编目、预警和应对处置能力。建设天地结合的空间天气监测系统,持续完善业务保障体系,有效应对灾害性空间天气事件。

三、培育壮大空间应用产业

中国航天面向经济社会发展重大需求，加强卫星公益服务和商业应用，加速航天技术成果转移转化，推动空间应用产业发展，提升航天发展效益效能。

（一）卫星公益服务

卫星应用业务服务能力显著增强，在资源环境与生态保护、防灾减灾与应急管理、气象预报与气候变化应对、社会管理与公共服务、城镇化建设与区域协调发展、脱贫攻坚等方面发挥重要作用，航天创造更加美好生活。卫星遥感基本实现了国家和省级政府部门业务化应用，对 100 余次国内重特大自然灾害开展应急监测，为国内数万家各类用户和全球 100 多个国家提供服务，累计分发数据超亿景。卫星通信广播累计为国内农村及边远地区的 1.4 亿多户家庭提供直播卫星电视服务、500 多个手机通信基站提供数据回传，在四川凉山特大森林火灾、河南郑州特大暴雨等灾害救援中提供高效应急通信服务。北斗导航为超过 700 万辆道路运营车辆提供安全保障服务，为超过 4 万艘海洋渔船提供定位和短报文通信服务，为新冠肺炎疫情防控物资运输、人员流动管理、医院建设等提供精准位置服务。

未来五年，围绕平安中国、健康中国、美丽中国、数字中国建设，强化卫星应用与行业区域发展深度融合，强化空间信息与大数据、物联网等新一代信息技术深度融合，深化陆地、海洋、气象遥感卫星数据综合应用，推进北斗导航+卫星通信+地面通信网络融合应用基础设施建设，加快提升精细化精准化业务化服务能力，更好服务支撑碳达峰与碳中和、乡村振兴、新型城镇化、区域协调发展和生态文明建设。

（二）空间应用产业

卫星应用商业化发展方兴未艾，面向政府、企业和个人的应用市场持续扩大，涌现出一批具有较强竞争力的商业航天企业，产业化规模化发展格局初步形成。卫星遥感高精地图、全维影像、数据加工、应用软件等产品和服务更好满足了不同用户特色需求，广泛应用于大众出行、电子商务、农产品交易、灾害损失评估与保险理赔、不动产登记等领域。卫星通信广播商业服务能力进一步提升,实现国内4个4K超高清频道上星和100多套节目高清化,为远洋船舶、民航客机提供互联网接入服务,"天通一号"卫星移动通信系统实现商业化运营。卫星导航产业快速发展,北斗兼容型芯片模块销量超过亿级规模,北斗应用广泛进入大众消费、共享经济和民生领域。航天技术成果加速赋能传统产业转型升级,助推新能源、新材料、绿色环保等新兴产业和智慧城市、智慧农业、无人驾驶等新业态发展,为建设科技强国、制造强国、网络强国、交通强国作出重要贡献。

未来五年,中国航天将紧紧抓住数字产业化、产业数字化发展机遇,面向经济社会发展和大众多样化需求,加大航天成果转化和技术转移,丰富应用场景,创新商业模式,推动空间应用与数字经济发展深度融合。拓展卫星遥感、卫星通信应用广度深度,实施北斗产业化工程,为国民经济各行业领域和大众消费提供更先进更经济的优质产品和便利服务。培育发展太空旅游、太空生物制药、空间碎片清除、空间试验服务等太空经济新业态,提升航天产业规模效益。

四、开展空间科学探索与研究

中国航天围绕宇宙起源和演化、太阳系与人类的关系等科学主题,论证实施空间科学计划,开展空间科学探索和空间环境下的科学实验,深化基础理论研究,孵化重大空间科学研究成果。

(一) 空间科学探索

空间天文。"悟空"号暗物质粒子探测卫星获取了宇宙射线电子、质子和氦核能谱精细结构。成功发射"慧眼"硬X射线调制望远镜卫星,实现宇宙磁场测量和黑洞双星爆发过程全景观测。成功发射"羲和号"太阳探测科学技术试验卫星,获得多幅 Hα 波段不同波长点的太阳光谱图像。

月球与行星科学。依托月球探测工程,开展月球地质和月表浅层结构综合探测,在月球岩浆活动定年、矿物学特征和化学元素分析等方面取得重大成果。依托行星探测工程,开展火星地表结构、土壤和岩石物质成分分析,深化火星地质演化认知。

空间地球科学。"张衡一号"电磁监测试验卫星获取了全球地磁场和电离层原位数据,构建了全球地磁场参考模型。全球二氧化碳监测科学实验卫星获取了全球高精度二氧化碳分布图,卫星数据向全球免费共享。

空间基础物理。利用"墨子"号量子科学实验卫星,开展千公里级星地量子纠缠分发和隐形传态实验、引力诱导量子纠缠退相干实验,完成基于纠缠的无中继千公里量子密钥分发。成功发射"太极一号"和"天琴一号"空间引力波探测试验卫星。

未来五年,中国将围绕极端宇宙、时空涟漪、日地全景、宜居行星等科学主题,研制空间引力波探测卫星、爱因斯坦探针、先进天基太阳天文台、太阳风—磁层相互作用全景成像卫星、高精度地磁场测量卫星等,持续开展空间天文、日球物理、月球与行星科学、空间地球科学、空间基础物理等领域的前瞻探索和基础研究,催生更多原创性科学成果。

(二) 空间环境下的科学实验

利用"神舟"系列飞船、"天宫二号"空间实验室、"实践十号"卫星等,在太空实现了哺乳动物细胞胚胎发育,完成世界首台空间冷原子钟在轨验证,深化了微重力颗粒分聚和煤粉燃烧、材料制备等机理认识,取得了一批有国际影响力的空间科学研究成果。

未来五年,中国将利用天宫空间站、"嫦娥"系列探测器、"天问一号"探测器等空间实验平台,开展空间环境下的生物、生命、医学、材料等方面的实验和研究,持续深化人类对基础科学的认知。

五、推进航天治理现代化

中国政府积极制定发展航天事业的政策与措施，科学部署各项航天活动，充分发挥有效市场和有为政府作用，营造良好发展环境，推动航天事业高质量发展。

（一）持续提升航天创新能力

建设航天战略科技力量，打造以科研院所为主体的原始创新策源地，建立健全产学研用深度融合的航天技术创新体系，构建关键领域航天科技创新联盟，形成上中下游协同、大中小企业融通的创新发展格局。

推进实施一批航天重大工程和重大科技项目，推动航天科技跨越发展，带动国家科技整体跃升。

勇攀航天科技高峰，超前部署战略性、基础性、前瞻性科学研究和技术攻关，推进新一代信息技术在航天领域融合应用，加速先进技术特别是颠覆性技术的工程应用。

加强航天技术二次开发,推动航天科技成果转化应用,辐射带动国民经济发展。

(二) 强化航天工业基础能力

持续完善基于系统集成商、专业承包商、市场供应商和公共服务机构,根植于国民经济,融合开放的航天科研生产组织体系。

优化产业结构布局,做强研发制造,做优发射运营,做大应用服务,强健产业链供应链。

加快工业化与信息化深度融合,建设智能化脉动生产线、智能车间、智慧院所,持续推动航天工业能力转型升级。

(三) 加快发展空间应用产业

完善卫星应用产业发展政策,统筹公益和市场需求,统合设施资源建设,统一数据与产品标准,畅通共享共用渠道,构建产品标准化、服务个性化的卫星应用服务体系。

加快培育卫星应用市场,支持各类市场主体开展卫星应用增值产品开发,创新卫星应用模式,培育"航天+"产业生态,加快发展航天战略性新兴产业。

（四）鼓励引导商业航天发展

研究制定商业航天发展指导意见，促进商业航天快速发展。扩大政府采购商业航天产品和服务范围，推动重大科研设施设备向商业航天企业开放共享，支持商业航天企业参与航天重大工程项目研制，建立航天活动市场准入负面清单制度，确保商业航天企业有序进入退出、公平参与竞争。

优化商业航天在产业链中布局，鼓励引导商业航天企业从事卫星应用和航天技术转移转化。

（五）积极推进法治航天建设

加快推进航天法立法，构建完善以航天法为核心的航天法制体系，促进法治航天建设。研究制定卫星导航条例，规范和加强卫星导航活动管理。修订空间物体登记管理办法，持续规范空间数据共享和使用管理、民用航天发射许可管理。研究制定卫星频率轨道资源管理条例，加强卫星频率轨道资源申报、协调和登记，维护我国卫星频率轨道资源合法权益，助力航天事业发展。

加强国际空间法研究，积极参与外空国际规则、国际电联规则制定,维护以国际法为基础的外空国际秩序,推动构建公正、合理的外空全球治理体系。

（六）建设高水平航天人才队伍

加快建设航天领域世界重要人才中心和创新高地,厚植人才发展沃土,壮大人才队伍规模。完善人才培养机制,加强战略科学家、科技领军人才、青年科技人才和创新团队建设,培养一大批卓越工程师、高素质技术技能人才和大国工匠,造就一批具有国际视野和社会责任感的优秀企业家。完善人才交流机制,规范和引导航天人才合理流动。完善人才激励机制,加大奖励支持力度。加强航天特色学科专业建设,培养航天后备人才队伍。

（七）大力开展航天科普教育和文化建设

继续组织开展"中国航天日"系列活动,充分利用"世界空间周""全国科技活动周"以及"天宫课堂"等平台,加强航天科普教育,普及航天知识,传播航天文化,传承弘扬"两弹一星"精神和载人航天精神、探月精神、新时代北斗精神,激发全民尤其是青少年崇尚科学、探索未知、敢于创新的热情,提高全民科学文化素养。

做好重大航天遗产保护，持续推动航天博物馆、航天体验园等科普教育基地建设。鼓励支持航天题材文艺作品创作，繁荣航天文化。

六、构建航天国际合作新格局

和平探索、开发和利用外层空间是世界各国都享有的平等权利。中国倡导世界各国一起推动构建人类命运共同体，坚持在平等互利、和平利用、包容发展的基础上，深入开展航天国际交流合作。

（一）基本政策

中国政府在开展航天国际交流合作中，采取以下基本政策：

——维护联合国在外空事务中的核心作用，遵循联合国《关于各国探索和利用包括月球和其他天体在内外层空间活动的原则条约》，重视联合国相关原则、宣言、决议的指导意义，积极参与外空国际规则制定，促进外空活动长期可持续发展。

——加强空间科学、技术及应用等领域的国际交流与合作，与国际社会一道提供全球公共产品与服务，为人类应对共同挑战作出贡献。

——加强基于共同目标、服务"一带一路"建设的空间合作，使航天发展成果惠及沿线国家，特别是发展中国家。

——支持亚太空间合作组织发挥重要作用，重视在金砖国家合作机制、上海合作组织框架、二十国集团合作机制下的空间合作。

——鼓励和支持国内科研机构、企业、高等院校、社会团体，依据有关政策和法规，开展多层次、多形式的国际空间交流与合作。

（二）主要进展

2016年以来，中国与19个国家和地区、4个国际组织，签署46项空间合作协定或谅解备忘录；积极推动外空全球治理；利用双边、多边合作机制，开展空间科学、空间技术、空间应用等领域国际合作，取得丰硕成果。

1. 外空全球治理。

——参加联合国框架下外空活动长期可持续性、空间资源开发利用、防止外空军备竞赛等议题磋商，共同创建空间探索与创新等新议题，持续推进联合国空间2030议程。

——支持联合国灾害管理与应急反应天基信息平台北

京办公室工作,深度参与联合国全球卫星导航系统国际委员会各项活动,加入空间任务规划咨询组和国际小行星预警网等国际机制。

——发挥亚太空间合作组织东道国作用,支持《亚太空间合作组织 2030 年发展愿景》。

——利用中俄航天合作分委会空间碎片工作组、中美空间碎片与空间飞行安全专家研讨会等机制加强在空间碎片、外空活动长期可持续等领域的交流。

——支持国际电信联盟、地球观测组织、机构间空间碎片协调委员会、国际空间数据系统咨询委员会、国际空间探索协调组、机构间互操作顾问委员会等国际组织活动。

2. 载人航天。

——利用"天宫二号"空间实验室与欧洲空间局合作开展伽马暴偏振探测研究,在"神舟十一号"载人飞行任务期间与法国合作开展微重力环境下人体医学研究,与欧洲航天员中心联合进行洞穴训练、海上救生训练。

——完成中国空间站首批空间科学国际合作实验项目遴选,围绕空间科学实验、空间站舱段研制与德国、意大利、俄罗斯开展技术合作与交流。

3. 北斗导航。

——推动中国北斗卫星导航系统与美国全球定位系统、俄罗斯格罗纳斯系统、欧洲伽利略系统协调发展,在兼容与互操作、监测评估、联合应用等领域深入合作。

——推动北斗国际标准化工作,相继进入民航、海事、国际搜救、移动通信、电工委员会等多个国际组织标准体系。

——推动北斗系统全球服务,与阿盟、非盟分别建立北斗合作论坛机制,在突尼斯建成首个海外北斗中心,与巴基斯坦、沙特阿拉伯、阿根廷、南非、阿尔及利亚、泰国等国家开展卫星导航合作。

4. 深空探测。

——与俄罗斯联合发起国际月球科研站计划,启动中俄月球与深空探测联合数据中心建设,推动中国"嫦娥七号"月球极区探测任务与俄罗斯月球—资源—1轨道器任务联合实施。

——利用月球探测工程"嫦娥四号"任务,与俄罗斯、欧洲空间局开展了工程技术合作,与瑞典、德国、荷兰、沙特开展了科学载荷合作。启动月球探测工程"嫦娥六号"任务国际载荷搭载合作。

——利用首次火星探测"天问一号"任务,与欧洲空间局开展了工程技术合作,与奥地利、法国开展了科学载荷合作。与美国建立火星探测器轨道数据交换机制。启动小行星探测任务国际载荷搭载合作。

——与欧洲空间局、阿根廷、纳米比亚、巴基斯坦开展月球与深空探测领域的测控合作。

5.空间技术。

——联合研制并成功发射中法海洋卫星、中巴(西)地球资源 04A 星、埃塞俄比亚遥感微小卫星,为亚太空间合作组织成功搭载发射大学生小卫星。持续推进埃及二号遥感卫星等联合研制。

——完成巴基斯坦遥感卫星一号、委内瑞拉遥感卫星二号、苏丹一号遥感卫星、阿尔及利亚一号通信卫星等在轨交付。

——为沙特阿拉伯、巴基斯坦、阿根廷、巴西、加拿大、卢森堡等国家提供卫星搭载发射服务。

——与俄罗斯、乌克兰、白俄罗斯、阿根廷、巴基斯坦、尼日利亚等国家开展宇航产品技术合作。

——助力发展中国家航天能力建设。与埃及、巴基斯坦、尼日利亚等国家合作建设卫星研制基础设施。推动

"一带一路"空间信息走廊建设,向发展中国家开放中国空间设施资源。

6. 空间应用。

——建立风云气象卫星国际用户防灾减灾应急保障机制,中国气象卫星数据广泛应用于 121 个国家和地区。

——签署金砖国家遥感卫星星座合作协定。与欧洲空间局开展对地观测卫星数据交换合作。建设中国—东盟卫星信息(海上)服务平台和遥感卫星数据共享服务平台。与老挝、泰国、柬埔寨、缅甸等国家共同建设澜沧江—湄公河空间信息交流中心。

——与玻利维亚、印度尼西亚、纳米比亚、泰国、南非等国家合作建设卫星数据接收站。

——积极参与空间与重大灾害国际宪章机制,为近 40 个国家的减灾提供卫星遥感数据近 800 景,新增 8 颗(座)卫星和星座作为值班卫星和星座,提升国际社会防灾减灾能力。

——积极开展卫星应急监测和服务,针对 15 个国家的 17 次重特大灾害事故启动应急监测,就 2018 年阿富汗大旱、2018 年老挝溃坝事故、2019 年莫桑比克台风向受灾国相关部门提供监测产品服务。

——发布《中国面向全球的综合地球观测系统十年执行计划（2016—2025年）》，担任地球观测组织2020年轮值主席国，推动全球综合地球观测系统建设。

——参与国际空间气候观测（SCO）平台机制，推动中国利用空间技术应对气候变化的最佳实践，助力国际空间气候观测合作。

7. 空间科学。

——与瑞士、意大利、奥地利、英国、日本等国家联合开展"悟空"号、"墨子"号、"实践十号"和"慧眼"等科学卫星的联合科学研究和实验。

——联合研制并成功发射中意电磁监测试验卫星，持续推进中欧太阳风—磁层相互作用全景成像卫星、中法天文卫星、中意电磁监测卫星02星联合研制，与意大利、德国等国家开展先进天基太阳天文台、爱因斯坦探针、增强型X射线时变与偏振空间天文台等科学卫星有效载荷的联合研制和定标。

——利用中国—巴西空间天气联合实验室，共同建设南美地区空间环境综合监测研究平台。

8. 人才与学术交流。

——参与国际宇航联合会、国际空间研究委员会、国际宇航科学院、国际空间法学会等活动,举办全球空间探索大会、全球卫星导航系统国际委员会第十三届大会、中国/联合国航天助力可持续发展大会、文昌国际航空航天论坛、珠海论坛、北斗规模应用国际峰会、风云气象卫星国际用户大会等。

——助力发展中国家人才培养。依托联合国空间科技教育亚太区域中心(中国)为60余个国家培养了近千名航天人才,并建立"一带一路"航天创新联盟和中俄工科大学联盟;通过发展中国家技术培训班等渠道,促进遥感与导航方向的人才交流。

——通过中欧空间科学研讨会、中欧空间科技合作对话、中欧"龙计划"等渠道,促进空间科学、遥感与导航方向的科技交流。

(三) 未来合作重点

未来五年,中国将以更加积极开放的姿态,拓展双边、多边合作机制,在以下重点领域广泛开展国际空间交流与合作:

1.外空全球治理。

——在联合国框架下,积极参与外空国际规则制定,共同应对外空活动长期可持续发展面临的挑战。

——积极参与空间环境治理、近地小天体监测与应对、行星保护、太空交通管理、空间资源开发利用等领域国际议题讨论和机制构建。

——开展空间环境治理合作，提高太空危机管控和综合治理效能，支持与俄、美等国及有关国际组织开展外空治理对话，推动亚太空间合作组织空间科学观测台建设。

2. 载人航天。

——依托中国空间站，开展空间天文观测、地球科学研究，以及微重力环境下的空间科学实验。

——推动开展航天员联合选拔培训、联合飞行等更广泛的国际合作。

3. 北斗导航

——持续参加联合国全球卫星导航系统国际委员会有关活动，推动建立公正合理的卫星导航秩序。

——积极推进北斗卫星导航系统和其他卫星导航系统、星基增强系统的兼容与互操作合作，促进全球卫星导航系统兼容共用。

——重点推进北斗卫星导航系统应用合作与交流，共享北斗系统成熟应用解决方案，助力各国经济社会发展。

4.深空探测。

——重点推进国际月球科研站合作,欢迎国际伙伴在项目的各个阶段、在任务的各个层级参与国际月球科研站的论证和建设。

——拓展在小行星、行星际探测领域合作。

5.空间技术。

——支持卫星工程和技术合作,完成埃及二号卫星联合研制,发射中法天文卫星、中意电磁监测卫星02星,推动中巴(西)资源系列后续卫星合作。

——开展航天测控支持合作,继续开展与欧洲空间局在测控支持领域合作,进一步推进地面站网建设。

——支持商业航天国际合作,包括发射服务,以及卫星整星、卫星及运载火箭分系统、零部件、电子元器件、地面设施设备等产品技术合作。重点推动巴基斯坦通信卫星研制,以及巴基斯坦航天中心、埃及航天城建设合作进程。

6.空间应用。

——推动中国气象卫星数据全球应用,支持中法海洋卫星数据向世界气象卫星组织开放,推动"张衡一号"电磁监测卫星数据全球共享和科学应用。

——推动"一带一路"空间信息走廊建设,加强遥感、导航、通信卫星的应用合作。

——推动亚太空间合作组织数据共享服务平台建设。

——推动金砖国家遥感卫星星座建设与应用。

——参与空间气候观测平台建设与实践。

7. 空间科学。

——依托深空探测工程,利用地外样品和探测数据,开展空间环境、行星起源演化等领域的联合研究;通过联合国向国际社会开放"嫦娥四号"卫星科学数据。

——推动空间科学卫星联合研制,开展以暗物质粒子、太阳爆发活动及其影响、空间引力波等为重点的空间科学探索研究。

8. 人才与学术交流。

——开展航天领域人员交流与培训。

——举办高水平国际学术交流会议和论坛。

结　束　语

当今世界，越来越多的国家高度重视并大力发展航天事业，世界航天进入大发展大变革的新阶段，将对人类社会发展产生重大而深远的影响。

站在全面建设社会主义现代化国家新征程的历史起点上，中国将加快推进航天强国建设，秉持人类命运共同体理念，继续同各国一道，积极参与外空全球治理与交流合作，维护外空安全，促进外空活动长期可持续发展，为保护地球家园、增进民生福祉、服务人类文明进步作出新的更大贡献。

责任编辑：刘敬文

图书在版编目（CIP）数据

2021 中国的航天/中华人民共和国国务院新闻办公室 著.—北京：
人民出版社，2022.1

ISBN 978－7－01－024536－2

Ⅰ.①2… Ⅱ.①中… Ⅲ.①航天工程-概况-中国-2021

Ⅳ.①V4

中国版本图书馆 CIP 数据核字（2022）第 021394 号

2021 中国的航天

2021 ZHONGGUO DE HANGTIAN

（2022 年 1 月）

中华人民共和国国务院新闻办公室

人民出版社 出版发行

（100706 北京市东城区隆福寺街 99 号）

中煤（北京）印务有限公司印刷 新华书店经销

2022 年 1 月第 1 版 2022 年 1 月北京第 1 次印刷

开本：850 毫米×1168 毫米 1/32 印张：1.375

字数：22 千字

ISBN 978－7－01－024536－2 定价：5.00 元

邮购地址 100706 北京市东城区隆福寺街 99 号

人民东方图书销售中心 电话（010）65250042 65289539